奇趣香港史探案 03

戰前時期

周蜜蜜 著

中華書局

奇趣香港偵探團登場

後來鼠疫爆發，
為防鼠患，市民把
死老鼠放在電燈柱上
的老鼠箱內。
箱鼠老
馬冬東

踏入 20 世紀，香港
發生了港督刺殺案！
究竟誰是刺客？
一起追查下去吧！
華港傑

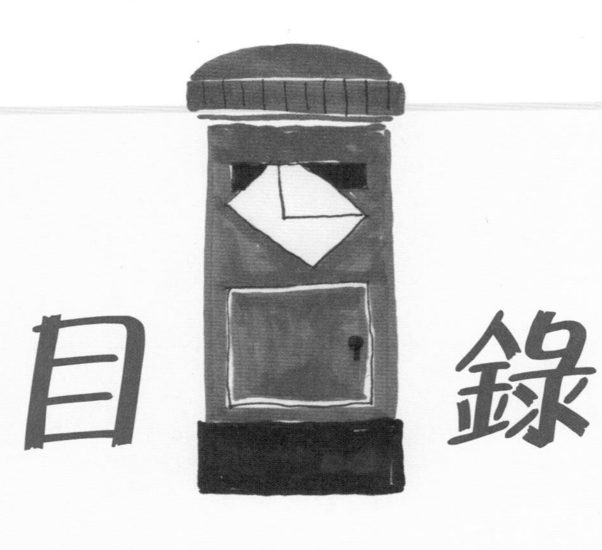

目錄

香港古今奇案問答信箱

圖說香港大事

偵探案件1

三不管的九龍寨城

星期五的晚上，華爺爺和華港傑、華港秀一家人在一起看電視，屏幕上正播放着有關九龍城寨的故事。

正在這時候，馬冬東過來找華港傑詢問功課的事，一看就說：

「咦，你們都在看這齣電視劇呀，聽說有一些故事情節和人物是真的，有一些就是假的呢。」

華港秀瞪眼望着他，反問：

「乜東東，你要講乜東東啊？你又知道哪些是真，哪些是假的嗎？」

馬冬東抓抓自己的頭頂，說：

「我嘛，還未曾深入偵察，無可奉告。」

華港傑對爺爺說：

「對了，爺爺，我們的信箱，最近接

到不少來信，詢問有關九龍城寨的歷史問題，我正想向你請教呢。」

華爺爺說：

「九龍寨城，俗稱九龍城寨。明天是星期六，你們不用上學，可以跟我去一個地方，到時再慢慢說吧。」

第二天下午，華爺爺按照預先的約定，帶着大家乘巴士到了界限街。

馬冬東急忙向四圍張望，感覺奇怪地說：

「為甚麼到這裏來？這裏不是九龍城寨啊。」

華港傑笑一笑，說：

「爺爺，這裏就是界限街，留下了九龍半島被劃為殖民地的痕跡，是嗎？」

爺爺點點頭說：

Boundary Street
界限街

「唔，界限街這裏曾經是中英兩國之間劃定的邊界。西起深水埗南端，東至九龍城，統稱**新九龍**，原先屬於新界的一部分。清朝政府在 1898 年將包括新九龍的新界租借給英國，為期 99 年。」

馬冬東說：

「原來是這樣。既然界限街這裏是中英兩國之間劃定的邊界，爺爺，這裏是不是有圍欄圍着，有士兵守衛，兩邊的居民不准自由來往的？」

華爺爺說：

「分界線的兩面分別有中、英軍隊巡

邏，理論上兩邊的居民是不能自由跨越的。事實上，有三處是兩邊居民來往通過的地點，就是大角咀的三陋巷、花墟以及九龍城，其中三陋巷早已被清拆。當時，住在華界的鄉民，會在花墟一帶地方擺賣蔬菜、花卉和農產品。」

華港傑說：

「那一帶花墟道、花園街、西洋菜街、通菜街等等的名稱，也是因為這樣而來的嗎？」

華爺爺說：

「傑仔，你很聰明。那些地方，原來都是農地，後來就將那些農地的用途作為街名，一直沿用到現在了。」

他們邊走邊談，一直到了九龍城公

園，只見花紅樹綠，亭台樓閣，一派古雅清新的中國嶺南園林景色，華港秀一躍而起，身上的裙子綻放開來 ，說：

「九龍城這麼美麗，真好啊！」

華爺爺搖搖頭，感嘆道：

「不一樣，不一樣，太不一樣了！」

華港秀聽到，好奇地問：

「爺爺，你說甚麼不一樣呢？」

華爺爺說：

「我們現在看到的九龍城，和以前的九龍城很不一樣，實在是有天淵之別呀。」

馬冬東說：

「我其實一直都覺得很奇怪，這裏明明是香港這個城市裏面的一個地方，為甚麼偏偏要把它叫做九龍城，好像是當成為另一個城市似的。」

華爺爺說：

「這就是和它的歷史有關的了。傑仔，你這個香港歷史信箱主持人，有看過這方面的資料吧？」

華港傑說：

「有的。九龍城寨的歷史，是由南宋開始，至今已經有 800 多年。這裏原來是一座石頭城，所以又叫做**九龍砦城**。當時的駐軍就地取材，用大石建成一座城寨，防止壞人作亂，那就是九龍城寨的前身。」

華爺爺點點頭說：

「講得不錯。根據古代的文獻推測，南宋時期，這裏叫做**官富寨**，範圍包括現在的觀塘、九龍城以及油尖旺三區。」

華港秀問：

「那清朝政府呢？很快就把九龍城租給英國，甚麼也不管了嗎？」

華爺爺說：

「也不是的。1842 年的時候，英國佔領香港島，九龍還是屬於清朝政府，雙方隔海對峙，為了增強防守力，清朝政府還在九龍城加建兩道外牆。後來中英雙方簽訂條約，租讓九龍新界，但是，就在條約中訂明，九龍城寨有特殊的地位，九龍城寨裏面的中方官員，依然可以在城內辦公。」

華港傑說：

「這就是名副其實的城中之城了。」

馬冬東抓抓耳朵，眼珠骨碌碌地轉

着，一臉疑惑地問：

「可是，為甚麼我們看不見一道城牆的痕跡呢？」

華爺爺說：

「那是在日軍侵略香港時期，被日軍拆除了。」

馬冬東說：

「我也看過一些上世紀 90 年代九龍城寨清拆前的舊相片，大廈與大廈之間非常接近，在天台玩耍的孩子只要一步，就可以跨過另一棟樓了。」

華爺爺說：

「因為到了戰後，九龍城寨變成英國

政府不管、中國政府不管、香港殖民政府也不管的**三不管**地區。結果，有許多人走難來香港，入住九龍城寨，大廈也愈建愈密集，變成一棟挨着一棟。從此，這裏人多雜亂，山寨工廠和無牌商販、醫生聚集，變成為罪惡的温床。」

華港傑説：

「九龍城寨的歷史，就好比是香港的歷史縮影，雖然細小，但又複雜得很啊！」

華爺爺説：

「就是嘛。所以，這裏一直成為像明教

授那樣的歷史學者研究的重要地區。你們也要知道，1984 年中英兩國簽訂《**中英聯合聲明**》處理香港問題，共同決定拆掉城寨，遷徙居民。從 1993 年開始，這一帶進行拆遷，到 1995 年，這個九龍城公園正式建成，大家才不會再見到以往三不管的骯髒、混亂、複雜局面了。」

華港秀突然問：

「為甚麼大家都說九龍城寨，可是這公園卻明明叫做『九龍寨城公園』呢！」

華爺爺說：

「其實九龍城寨是俗稱。在清拆的時候，一塊刻有『九龍寨城』字樣的花崗岩石額被發掘了出來，由此得知，九龍寨城才是正式的名稱啊！」

香港古今奇案問答信箱

清朝的九龍寨城是甚麼樣子的？

根據清初歷史地理著作《讀史方輿紀要》，推測九龍城寨的原址在宋代已設有官富寨，負責海防及九龍一帶的鹽務。1847 年清朝政府擴建九龍城寨，與香港島對峙。當時究竟是甚麼模樣，現在只能從一些古老照片中窺探一二。

攝於 19 世紀。從獅子山的位置推測，相中的地方應是今日九龍城一帶。

攝於 19 世紀的九龍城寨。

香港第一所郵政局在哪年啟用？

現存香港最古老的郵政局是赤柱郵政局，於1937 年投入服務至今。而香港第一所郵政局在1841 年啟用，位於今日中環聖約翰大教堂對上的山坡。

1846 年遷往皇后大道與畢打街交界。20 世紀初，當局決定興建第三代郵政總局，位於德輔道中與畢打街交界，並於 1911 年正式啓用。

舊時華人稱呼郵政局為書信館，可是要等到 1862 年，香港才發行首批郵票。

20 世紀初的第三代郵政總局。

你能根據本章提供的線索，說出九龍城寨被清拆的原因嗎？

偵探案件2

新界的六日戰爭

大家正說着，走到一個涼亭，華港秀一眼看見有一個熟悉的身影在裏面，興奮地叫起來：

「哎呀！明公公明教授，您來啦！」

馬冬東立刻跑到明教授面前，又驚又喜地說：

「公公，你不是去圖書館演講了嗎？怎麼會到這裏來的 ？」

明教授說：

「演講早就結束了，是你們華爺爺叫我過來的。還有，今晚在新界有一個特別的盆菜宴，我想帶你們一起去。」

華港秀拍手歡呼：

「好啊！有盆菜吃，我最鍾意了！」

華港傑說：

「就數你最饞嘴。明教授，爺爺剛才說你對九龍城的歷史向來都很有研究。我想知道，清朝政府已經割讓香港島給英國，為甚麼還要簽訂極不合理的九龍、新界租借條約？」

明教授說：

「就是因為清朝政府積弱，列強紛紛在中國爭奪勢力範圍，在當時的形勢下，英國提出要**拓展香港界址**，強迫清政府先後簽訂《展拓香港界址專條》和《香港英新租界合同》，把界限街以北的廣大地區劃為**新界**，交給英方為租借地，後來又把界限街以北至獅子山之南的土地稱為新九龍。」

華爺爺說：

「對於租借新界一事，當時的新界居民

非常不滿，更付諸行動，結果爆發了反抗英軍的六日戰。」

馬冬東即刻追問：

「六日戰？是不是同英軍開戰，打六天的仗？」

明教授說：

「你這次講對了，新界原居民堅決反抗英國接管，曾經打過足足六天的戰爭。」

華港傑說：

「手無寸鐵的人敢與軍隊對抗，真的是非常英勇啊！」

馬冬東握拳說：

「如果我那時候在新界，我一定會參加！」

華港秀做了一個武打的動作，說：

「我也是！」

華港傑說：

「明教授，我們不是要去新界嗎？可以實地重溫那段歷史呀。」

馬冬東和華港秀拍着手說：

「是啦！是啦！真想快一點去到那裏啊！」

明教授看了看手錶，說：

「不錯，現在時間也差不多了，我們出發吧。」

大家很快到了元朗的屏山。這裏地處后海灣旁邊，交通相當方便，四周山清水秀，風景很美。令人很難想象，這裏曾經發生過炮火連天、流血死傷的戰事。

華港傑對華爺爺說：

「爺爺，我記得在上一次考察遷界歷史的時候也曾經提到過，這裏的新界原居民，從宋朝、明朝時開始，就不斷來到這裏定居了，是嗎？」

華爺爺點點頭説：

「是的。新界原居民最眾多的五大氏族，以**鄧姓**氏族為首，還有**文氏**、**廖氏**、**彭氏**和**侯氏**的族人。他們選擇在這裏的肥沃土地上建築圍村、祠堂、書室和廟宇，又在交通要道建立墟市。其中屏山市、錦田市、廈村市、元朗舊墟和大埔舊墟，都是鄧氏家族清朝時建立的，對新界發展貢獻很大。」

馬冬東說：

「那場六日戰爭是怎麼發生的？」

明教授說：

「當時，英國準備接管新界，港督卜力 (Henry Blake) 派出警察司梅含理 (Francis May) 來屏山這裏，要興建臨時警署，村民

強烈反對。各個鄉村派代表來屏山達德公所，召開會議，商討抗英，又在各處貼出抗英告示。」

華爺爺說：

「戰爭一觸即發！就在梅含理帶着警察去大埔視察的時候，村民以妨礙風水為理由，堅決反對，並且將梅含理一幫人包圍起來，放火燒毀了他們的臨時警棚。梅含理嚇壞了，連夜逃到沙田火炭山邊，急急向卜力報告。次日，卜力派出加士居少將 (William Gascoigne) 帶上百名士兵接管新界。」

華港秀緊張地說：

「啊！上百名士兵這麼多！那新界居民怎麼辦？」

明教授說：

「他們為了保衛家園，都很勇敢，一點兒也不會示弱。各個氏族聯合起來，同仇敵愾，在元朗成立**太平公局**，決定以元朗作為總部，指揮村民反抗。當英兵進入林村谷地，村民奮起反抗，戰鬥十分激烈。英軍因為彈藥不足，曾經陷入險境。」

馬冬東說：

「那他們有沒有退走呢？」

華爺爺說：

「沒有。因為另一支軍隊北上粉嶺，轉入八鄉支援，又不斷開炮攻擊，村民最後也不得不撤離了。」

華港傑說：

「原來是打得這麼慘烈的啊！我們一定

要好好記住！」

華爺爺説：

「達德公所內紀念當年事跡的石碑，便題上『忠義留芳』四個金色大字。上面記載着烈士的姓名，列明屏山鄉 81 人、橫洲鄉 33 人，沙江鄉 18 人…… 總共 173 人。」

華港傑説：

「爺爺，明教授，我們可以去當年的遺跡看看嗎？」

明教授和華爺爺一齊笑着説：

「當然可以！走，我們馬上就去看看吧。」

於是，大家一起向着吉慶圍的圍牆遺址走過去。

「你們知道嗎？在香港歷史博物館裏

面，保留着一道鐵閘，就是這裏的抗英證物。」

華爺爺一邊走，一邊説。

馬冬東説：

「是嗎？那是一道甚麼樣的鐵閘？」

華爺爺説：

「那道鐵閘本來是吉慶圍所有，村民為防盜賊而建的。當英軍要接管新界時，村民不願屈服，緊閉鐵閘，拚死戰鬥。英軍屢攻不下，強以炮擊，村民或傷亡，或被捕，就連鐵閘門也被英軍當作戰利品拆走，運去倫敦。」

華港秀説：

「怎麼可以？鐵閘又不是他們的！」

明教授說：

「就是啊！在鄧氏家族族人的再三要求下，直至 1924 年，英方才在蘇格蘭找到鐵門，運回香港。於 1925 年 5 月 26 日，由當時的港督司徒拔 (Reginald Stubbs) 親自主禮，舉行交還鐵閘的儀式。」

圖說香港大事——1894年至1900年

1894年，為解決防務及香港人口密集的問題，立法局非官守議員遮打，向港督羅便臣提出擴展九龍界址，推動英國政府與清朝政府談判。

1898年6月9日，英國與清朝政府簽下《展拓香港界址專條》，租借新界（今界限街以北、深圳河以南）及附近逾200個離島99年。

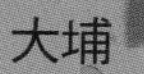

1899年4月16日，新界首次升起英國國旗，升旗禮於大埔運頭角舉行。

新界雖然租借給英國，但九龍寨城仍歸清朝駐軍管轄。

偵探案件3

馬騮山之謎

這天傍晚，華港傑、華港秀和爺爺、爸爸、媽媽一起，剛剛吃完晚飯之後，馬冬東忽然像是從天而降似地出現在門外，神情興奮地叫道：

「趣怪新聞！有趣怪新聞報道啊！」

華港傑把門打開，說：

「乜東東，你不清不楚地在講乜東東呢？不如進來坐下，再慢慢講吧！」

馬冬東應聲走了進來，一下子坐到沙發上，神情依然是興奮不減，說：

「給你們說一樁搶劫案！我表哥住在獅子山公園附近的屋苑，在巴士站排隊時，突然傳來『搶劫呀！』的呼救聲，有人指着不遠處一棵大樹，原來一隻猴子正挽着一大袋食物爬到樹上去。保安員想把牠捉拿歸案，可猴子卻大鬧天宮，最後都逃之夭夭！」

華港秀即時興起，做了一個模仿猴子摘桃的動作，說：

「哈哈，莫非我的兄弟姊妹下山來了？」

華港傑白了她一眼，說：

「不要胡說八道！甚麼兄弟姊妹？乜東東說的是猴子，不要搞錯了，我才是你的正牌大哥！除非你不想做人，要做猴子。」

華港秀伸伸舌頭，說：

「你這大哥好厲害啊，我不是想做猴子，只是因為生肖屬猴，才說那是兄弟姊妹，開玩笑的。」

馬冬東大笑，說：

「嘿嘿！秀秀你一不小心，把自己也當成猴子啦，笑死我！」

華港傑說：

「好了，笑夠啦。乜東東，你表哥家屋苑發現的猴子，是從哪裏來的？」

馬冬東搖搖頭說：

「不知道啊，有人猜可能是從**石梨貝水塘**的馬騮山跑出來的。」

華港秀雙眼一亮，說：

「石梨貝水塘馬騮山？那裏有很多猴子的嗎？」

說着，又走到華爺爺面前說：

「爺爺，石梨貝水塘馬騮山在哪裏？下個星期天可以帶我去看看嗎？」

華爺爺說：

「那是金山公園一帶，路程不太遠，就是猴子成羣的地方，你們要去的話，就要乖乖守規矩，不然就會有被猴子襲擊的危險。」

馬冬東一聽就説：

「真的嗎？我也很想去看看，實行偵察大追蹤！爺爺，我一定會依足規矩行動的，你能帶我們去嗎？」

華爺爺説：

「那倒是個好地方，我很久都沒有去了。東東，你回家問問明教授有沒有時間和興趣，如果有的話，星期天我們可以一起去。」

馬冬東朗聲答應，就立刻回去自己的家裏。

過了一會兒，他打電話過來，說明教授很樂意同往石梨貝水塘一行。

等到星期天，在約定的時間，他們乘車直達石梨貝水塘。

這裏離公路並不遠，四周長滿了綠蔭濃密的大樹，空氣特別清新，許多市民一家大小地到來遊玩。

「水塘！水塘啊！」

「猴子！小猴子！」

馬冬東和華港秀差不多同時驚叫起來。他們看到的，都是在市區裏難得一見的景象。

「爺爺，這裏好像不止一個水塘的。」

華港傑邊看邊說。

「是啊，這一帶有四個水塘，包括

1910 年落成啟用的九龍水塘、1925 年建成的石梨貝水塘、1926 年建的九龍接收水塘和 1931 年建成的九龍副水塘。」

華港秀說：

「嗬，原來這邊有這麼多水塘。」

華港傑又問：

「那香港第一個建成的水塘是在哪裏呢？」

明教授說：

「是在 1863 年建成的薄扶林水塘。在那之前，用水主要來自山坡上的溪流山澗或是地下水，遠遠不夠，常鬧水荒。隨着人口快速增長，政府 1888 年又建了大潭水塘。到 1901 年以後，再建立這一帶的九龍水塘羣。」

這時，一隻身上長着黃毛的猴子，「嗖」地從一個小男孩旁邊跑過，嚇得他呱呱大叫起來。大家一看，原來那男孩子手上拿着一個麵包，他的母親立即拿過麵包，收進手袋，說：

「不要拿食物逗引猴子，犯規又危險。」

馬冬東看着，聳聳肩膀，說：

「好險！」

華爺爺說：

「猴子本性善良，可是當猴子覺得人類入侵牠們的範圍，就有攻擊性。只要不胡亂餵食猴子，就可避免猴子搶奪人類的食物。」

遠處有一羣猴子聚集在一起，有大有小，馬冬東就隔着一段距離為牠們拍照。

華港秀搔着頭，問：

「可是，這邊的水塘周圍，為甚麼會有這麼多的猴子？」

華爺爺說：

「有一種講法，就是當初興建水塘的時候，發現附近長着一種有毒的植物，叫做**馬錢子**，結出一種類似桔子的果實，如果有人誤吃了，會中毒身亡。但是，有一種猴子就專愛吃馬錢子，所以，為防止馬錢子掉入水塘染毒食水，政府就專門引入大批猴子來放養。」

華港秀拍手說：

「原來猴子還可以這樣幫人的大忙，太好了！」

明教授說：

「也不是太好，因為近幾十年，這裏的猴子繁殖得太快，一來影響自然生態，二來也會對居民的生活造成滋擾。」

華港傑問：

「那怎麼辦？」

華爺爺說：

「政府和動物醫院、海洋公園保育基金合作，對猴子進行絕育手術，控制牠們的繁殖增長。」

華港秀一下躍起，做出一個猴子抓耳朵的動作，口中唸唸有詞：

「篤撐！篤撐！篤篤撐，小的們，跟隨老孫西去也……」

華港傑一笑，問：

「你古靈精怪的搞甚麼鬼？」

華港秀說：

「看不出來嗎？本小姐扮演齊天大聖孫悟空，召集所有徒子徒孫去取經呀！」

馬冬東大笑說：

「人家早就取完經，功德圓滿了，怎麼還會輪到你？看我的吧！」

說着，馬冬東舉起雙手，作出張牙舞爪的兇惡模樣咆哮：

「嗷！」

華港秀瞪眼望着他說：

「乜東東，你在搞乜東東啊？真是莫名其妙！」

馬冬東說：

「這還看不出來嗎？俗語有云：**山中**

無老虎，猴子稱大王。我就是要扮老虎大王，嚇走這一些猴子嘛！」

華港傑說：

「算了吧，乜東東，你橫看豎看，不論怎麼看，都只是像一個胡亂怪叫的大傻瓜，根本沒有一絲一毫像老虎大王啦。」

華港秀忍俊不住，「哈哈哈哈」地大笑起來。

「可是，爺爺，你知道香港其實有沒有老虎的呢？」

華港傑問。

「香港的確是有老虎出現的。」

華爺爺點頭回答。

「嚇？香港有老虎出現，這是真的嗎？很可怕的呀！」

華港秀受驚道。

「是真的。不過不是在這裏，而是在另一個地方。」

明教授說。

「在甚麼地方？我要去找牠！」

馬冬東一聽，情緒高漲地說。

「乜東東，在這裏好好的，你要去找老虎做乜東東？」

華港秀猶有餘悸地說。

「嘿嘿，找牠挑戰啦。你怕嗎？小猴子？」

馬冬東嬉皮笑臉地對華港秀作恐嚇狀。

「別得意，你才打不過真的老虎呢。」

華港秀不服氣地向馬冬東扮鬼臉。

「你們別鬧了，講正經的。有老虎出現

的地方，是在哪裏？爺爺，明教授，我們可以去看看嗎？」

華港傑說。

「這一次時間不足夠，去不了。我們另一個週末再去吧。」

華爺爺說。

「那好吧，我們好好地等着，下一個週末再去追蹤香港出現過的老虎！」

華港傑說：

「Yeah!」

馬冬東和華港秀興奮地擊掌。

圖說香港大事——1901年至1910年

踏入20世紀初，香港已發展成為初具規模的大城市。1904年，香港電車正式啟用。

1907年，港督盧吉提出創辦香港大學。1911年3月30日香港大學正式成立。

1906年，佛寺「大茅蓬」建於大嶼山，1924年，由第一任住持紀修和尚改名為寶蓮禪寺。

1904年，「華人足球隊」成立，打破洋人獨佔足球運動的局面，1908年更名為「南華足球會」。

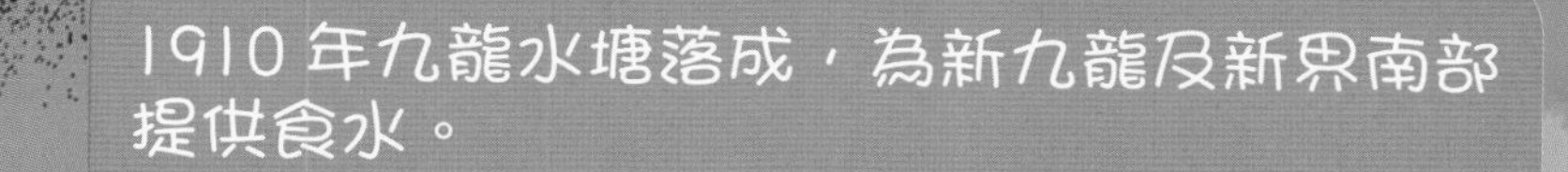

1910 年九龍水塘落成，為新九龍及新界南部提供食水。

1910 年，九廣鐵路香港境內英段通車。

1906 年 9 月 18 日，颱風吹襲，超過 1 萬人死亡，3600 艘船隻沉沒或損毀，史稱「丙午風災」。

老虎大追蹤

這一個大家都十分期待的週末，終於來到了。

「哎呀，這裏是上水站，上水啊！」

華港秀指着火車站牌，興奮地叫道。

「就是這裏了，都下車吧。」

華爺爺説。

「可是，這裏這麼多人，怎麼可能會有乜東東老虎呢？」

馬冬東伸長脖子，向兩邊張望着説。

「東東聽話，走快兩步吧，出了火車站再告訴你。」

明教授拍拍馬冬東的背脊，催促他説。

於是，大家都走出火車站，一直走到附近的一條林蔭大道上。

只見這裏視野開闊，除了有高高的綠

樹，還有一片片五顏六色的花圃。一陣陣清風徐徐吹過來，令人覺得有一種清涼爽快的感覺。

「好舒服呀！」

華港秀三步併作兩步，走在前面說。

「嗷嗚！老虎來了！」

馬冬東忽然跳起來說。

「媽呀！乜、乜東東，老虎在哪裏？」

華港秀用雙手抱住自己的頭，站定了問。

「別信他，嚇人的。」

華港傑說。

「哈哈哈！連一條老虎毛也看不見，就嚇壞了，秀秀膽子太小啦！笑死我！」

馬冬東得意地笑起來。

「爺爺，你說這一帶有老虎出現，是甚

麼時候呢？」

華港傑問。

「是上個世紀的初期。」

華爺爺答道。

「可是，這附近是邊境，難道老虎會偷越邊境的嗎？」

馬冬東即刻追問。

「老虎何止會越過這陸路的邊境，還會游水偷渡大海的呢！」

華爺爺說。

「啊！真有這麼厲害的嗎？」

馬冬東搔着自己的頭，驚訝地又問。

「華爺爺講得不錯。香港大學曾經有一位生物學講師，名叫 Geoffrey Herklots，寫過一本書《Hong Kong Countryside》，就記載不少老虎在香港出沒的事情。來港的大都是**華南虎**，從深圳和廣東地區來香港過冬，通常都在上水和沙田一帶逗留二至三天才離開。」

明教授説。

「甚麼是華南虎？牠們會咬人的嗎？」

華港秀問。

「華南虎，顧名思義，即是在華南一帶行走的一種老虎。既然是老虎，當然會咬人咬動物了，那是牠們的本性嘛。早在1911年，就有一隻華南虎游水到大嶼山，試過一個月內咬死60至70隻肥豬。」

華爺爺說。

「嘩！這麼多！牠的胃口真大啊！」

馬冬東驚叫。

「村民人心惶惶，即刻將剩下的豬運送到另外一個小島去。但老虎竟然跟蹤過去，繼續咬死十幾隻豬。村民忍無可忍，成立了打虎隊，才將老虎趕走。」

華爺爺說。

「這下子太平無事了吧？」

華港秀問。

「不。到 1915 年，上水這邊來了一隻**孟加拉虎**。當時有兩個外國人專愛冒險，不理當地人的阻攔，自行去森林裏面看老虎。就在黃昏的時候，孟加拉虎出現在他們的面前！還來不及欣賞一眼，他們已經變成虎爪下的亡魂了。」

明教授說。

「哎呀！真可怕！這孟加拉虎……」

華港秀打了個冷顫，下意識地向四圍看着，講不下去。

「後來，這隻孟加拉虎被一隊警察開槍射殺了，將老虎頭做成標本，安放在**警察博物館**裏，讓人參觀。」

華爺爺接着說。

華港秀這才長長的舒出一口氣來。

「明教授，在香港歷史上的其他年份，還有沒有發現過老虎呢？」

華港傑又問。

「有的。1930 年代，新界區經常有目

睹老虎出沒的報告，1934 年，在荃灣一個名叫老圍的村莊，有一個婆婆被老虎襲擊，1940 年代，赤柱、沙田和樂富都曾經發現老虎的蹤跡。」

明教授説。

「連樂富那裏也有老虎？那是現在的市區了，很近的呀！」

馬冬東説。

「沒錯，那時候有一些農民和採石工聚居，因為發現有老虎，所以那裏又叫做**老虎岩**。」

華爺爺説。

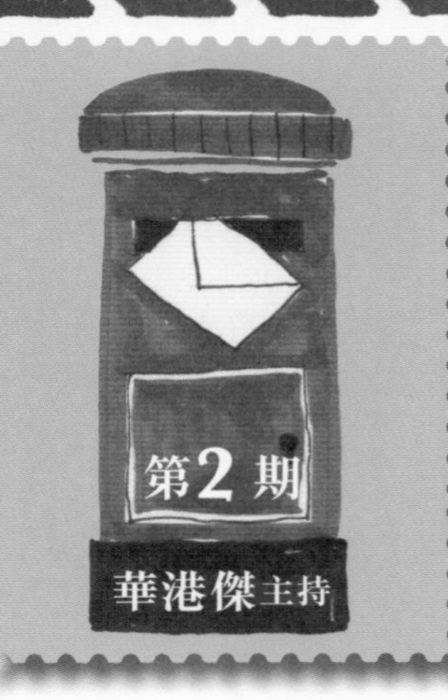

香港古今奇案問答信箱

奇案1 香港哪棟大廈最早使用升降機？

香港最早使用升降機的是 1898 年落成、位於中環的商業大廈「皇后行」，這是亞洲的先驅。大廈內的升降機、電燈等設施所需要的電力，由香港電燈公司提供。

香港電燈公司成立於 1889 年，首間發電廠位於灣仔，由兩部蒸氣發電機發電，1890 年為香港島首批街燈提供電力。九龍方面要等到 1903 年才有電力使用，由成立於 1901 年的中華電力提供。

落成初期的皇后行，到了 1963 年被拆卸。

香港第一所大學成立於哪年？

香港第一所大學為香港大學。1907 年 12 月，港督盧吉 (Frederick Lugard) 於聖士提反書院致詞時建議成立香港大學，得到廣泛回響，各方人士紛紛募捐，包括華洋富商、海外華僑及清朝官員等。1911 年香港大學正式成立。華人西醫書院、文學院及工程學院為創校學院。

除了孫中山，不少近代歷史人物也與香港大學有淵源。著名教育家許地山於 1936 年出任香港大學系主任，推行教育改革，提倡白話文。著名作家張愛玲也在 1939 年入讀香港大學。

你能根據本章提供的線索，說出香港哪處曾出現虎蹤嗎？

香港電車與九廣鐵路

這天放學以後，華港傑和馬冬東一起走出學校門口，華港秀就快速地走過來，口中「叮叮、叮叮、叮叮」地叫着。

馬冬東好奇地問：

「喂，秀秀，你是不是吃錯甚麼東西了，胡亂叫些甚麼呀？」

華港秀停下來，瞪他一眼，說：

「乜東東，你才是胡說乜東東呢！我在扮演叮叮響的電車，難道你還看不出來嗎？傻瓜！」

馬冬東一聽，笑開了說：

「哈哈，想扮電車，連一條電線也沒有，怎麼扮也不像啦！」

華港秀說：

「乜東東，你用一些想象力好不好？畫

公仔也不用畫出腸吧。」

馬冬東搖搖頭說：

「你用不着說我，你扮得就是不像。」

華港秀舉起手，作勢要敲馬冬東的頭，嚇得他躲一邊去說：

「你要做乜東東啊？秀秀，你這一下更不像叮叮電車了。」

華港傑攔着華港秀說：

「好了好了，不要胡鬧，免得碰撞到別的人。秀秀，你無端端的扮演甚麼電車呢？」

華港秀說：

「我不是無端端扮的。明天姨媽一家從美國來，爺爺說後天我們全家人到跑馬地的酒店去探他們。可以坐叮叮叮叮響的電車去呀。」

華港傑恍然大悟説：

「噢，是的，我記起來了，他們是昨天晚上打電話來的。」

馬冬東説：

「很好嘛，我也很愛坐電車呢。」

華港傑説：

「還有呢，我記得姨媽在電話中説，他們過兩天準備坐火車到東莞去探望親戚朋友。」

馬冬東一聽，雙眼放光，説：

「坐九廣直通車，那更好玩了！嗚——轟窿窿窿、轟窿窿……火車鑽山窿……」

華港秀一看就樂了，説：

「嗬嗬！乜東東，你要扮火車嗎？」

馬冬東點點頭，得意洋洋地說：

「算你不笨，還會看得出來。要知道火車鐵路比電車軌大和長，所以你這小叮叮還得認我轟隆隆的火車做大哥。」

華港傑忍不住說：

「乜東東，你這講法有些不正確，香港是先有有軌電車，然後才有九廣鐵路火車的。」

馬冬東瞪大眼睛說：

「真的嗎？我很懷疑呢！你有沒有記錯啊？」

華港秀說：

「有甚麼好懷疑的！我們去問問我爺爺就知道了。」

於是，他們就這樣一邊走，一邊說，

很快到了華港傑和華港秀的家。

一進門，看見華爺爺和明教授正在下棋，馬冬東就急不及待地問：

「爺爺，公公，香港是先有電車，還是先有火車的呢？」

華爺爺和明教授同時抬起頭來，華爺爺問：

「你們為甚麼對這個問題有興趣的呢？」

華港秀說：

「剛才哥哥說香港的電車是比九廣鐵路火車早通車的，馬冬東不相信。」

明教授說：

「事實就是這樣的。早在 1881 年，香港的人口不斷增加，工商業發展也很快，市民對公共交通工具的要求，愈來愈迫切，有人提出興建鐵路……」

馬冬東急忙插嘴說：

「那不就對啦，先建九廣鐵路火車呀。」

明教授說：

「不是了，東東，你聽下去再說吧。」

1881 年 6 月，立法局立法動議申辦一個電車系統，並且獲得通過。1902 年就在英國成立香港電車電力公司。從 1903 年開始進行路軌鋪設工程，1904 年 7 月正式通車。初期範圍由堅尼地城至銅鑼灣，其後伸延至筲箕灣。

華港傑問：

「那時候香港的電車路軌，是英國人造的，那麼電車也是從英國運來的嗎？」

華爺爺說：

「最初的電車車身是用英國運來的組件，到香港安裝而成的。」

華港秀問：

「第一批在香港行駛的電車有多少輛呢？」

明教授說：

「首批電車有 26 輛，分為頭等和三等，其中 10 輛是頭等，16 輛就是三等的。」

馬冬東問：

「電車不就是兩層的嗎？為甚麼還要分

等級？」

華爺爺說：

「最初的電車只有單層，頭等電車頭尾部分是開放式的，但中間是密封設計，三等電車就是全開放式的。」

華港傑問：

「那甚麼時候才有雙層電車呢？」

華爺爺說：

「是在 1912 年吧，由於乘客不斷增加，電車公司引入了 10 輛雙層電車，但初時雙層電車的上層沒有蓋頂，如果下雨的時候會照頭淋。到了次年，雙層電車加設了帆布帳篷。」

華港秀笑着說：

「嘿！有帳篷的電車，想來也會很古怪有趣的呢！」

明教授說：

「上個世紀 60 年代，為了承載更多的乘客，還從英國引入了單層拖卡電車。但因為噪音太大，1982 年全部廢除了。」

馬冬東說：

「公公，香港電車的發展歷史說過了，那香港的火車又怎麼樣？」

明教授說：

「九廣鐵路的誕生，是中國鐵路早期歷史的一部分。1898 年 5 月，英國公司取得特許權，建造一段從廣州至香港的鐵路。」

華爺爺說：

「但是，英國承造九廣鐵路的公司發生

了財政困難，資金不足，一直拖延到 1904 年底，才由香港政府融資，建造香港範圍內的鐵路，就以羅湖為終點站。」

明教授接着說：

「即使解決了資金的問題，1906 年正式施工的時候，還是困難重重。整個工程要修建 5 條隧道、48 條橋樑、66 條暗渠和推土 3000 萬立方碼，然後建造多條基堤和人造坡。」

華港秀伸了伸舌頭，說：

「啊呀！這個工程很不簡單呀！」

華爺爺說：

「當然了。另外，還有流行病，比如瘧疾、腳氣病和痢疾等等，令許多本地和外籍的工人死亡率增加，尤其是在畢架山以北的地段，情況最為嚴重，因為那一帶當時除了水稻田，就是沼澤地，衞生條件非常之惡劣。」

馬冬東聽得皺起眉頭，問：

「那怎麼辦？」

明教授説：

「當局要從最基本的工作做起，着手改善環境衞生，採取有效措施，排去骯髒的池塘積水，並且為工人建造一所醫院，又聘請更多的海外勞工，包括印度工人和意大利工人。」

華爺爺接着説：

「直到 1910 年，九廣鐵路香港段終於通車了，但九龍總站要在 1911 年才正式動工。不料又碰上**第一次世界大戰**在歐洲爆發，影響了物料的供應，一度要暫停施工。整個九龍車站，要到 1916 年才全部完工。」

馬冬東抓了抓自己的頭皮說：

「啊，原來是這樣。難怪九廣鐵路火車要比香港電車通車遲了這麼多年。」

明教授說：

「兩種工程，一大一小，根本就是不能作比較的。東東，你有空還是好好看一看有關的歷史書吧，會懂得更多更詳細的。」

馬冬東乖乖地點了點頭，說：

「是的，公公。」

大家都笑了。

「有一座和九廣鐵路關係很密切的建築

物，我相信你們都見過，也都知道的……」

華爺爺剛剛一說，華港秀就聰敏地接着說：

「是不是尖沙咀的**鐘樓**啊？」

明教授說：

「秀秀講對了，真聰明！那是當年九廣鐵路九龍站的主建築，全部用紅磚和花崗岩建成，最高的部分有 45 公尺，另設 7 公尺長的避雷針。後來九龍車站遷到紅磡現在的位置，只留下鐘樓，成為九龍半島的地標，每日每夜，不知有多少遊客去參觀拍照了。」

華爺爺補充説：

「由最早的蒸汽火車開始，在 50 年代轉為使用柴油機，到了 80 年代全線採用電氣化火車，九廣鐵路經歷了近 100 年的發展，最後在 2007 年與地鐵合併，成為今天的香港鐵路了。」

圖說香港大事——1911年至1920年

1912年，第15任港督梅含理由轎夫從卜公碼頭接往大會堂時，遭槍擊行刺，並無受傷。

1916年3月，尖沙咀九龍火車總站全部完工。

1911年，在大嶼山發現華南虎，數十頭家豬死於虎口。

1915年3月，一隻孟加拉虎於上水咬死兩人，警隊於3月8日射殺該隻老虎，並製成標本，現存放於警察博物館。
1918年2月26日，香港跑馬地馬場發生大火，超過600人喪生，成為香港史上最嚴重的火災。

偵探
案件6

跑馬地馬場大火災

按照約定的時間，華偉忠華爺爺帶着華港傑、華港秀兩兄妹，還有他們的家人，以及對電車、跑馬地馬場充滿好奇心的馬冬東，一起坐上電車，到跑馬地的酒店去探望華港傑、華港秀的姨媽一家。

為了有最好的視野，他們都坐在電車的上層。

電車緩緩地前行，馬冬東的頭一直轉向車窗外，望着路過的風景。

華港秀喜孜孜地說：

「嘿，我最喜歡這樣坐着電車，不快也不慢，很舒服，還可以清清楚楚地看到車外邊的東西。」

華港傑點點頭，說：

「所以嘛，電車成為香港最好的觀光交

通工具了。」

忽然聽得馬冬東興奮地叫道：

「跑馬場！我看見快活谷跑馬場了！」

華港傑和華港秀同時轉向窗外一看，果然不錯，綠草如茵的跑馬場，很快就進入視線範圍了。

華港秀不由得拍手稱讚：

「真寬敞！好漂亮！」

華爺爺說：

「是啊，這裏是香港歷史最悠久的娛樂場所。」

馬冬東問：

「真的嗎？這個跑馬場是甚麼時候建起來的？」

華港傑答道：

「這個我知道，網上資料顯示，跑馬地跑馬場建於 1846 年。」

華港秀雙眉一揚，說：

「嘩！170 多年前就有了這個跑馬場，它真是夠『高壽』的了。」

華爺爺說：

「不能說它是甚麼高壽的。這個跑馬場，曾經一度變為火葬場，燒死了 600 多人，成為歷史上最恐怖的跑馬場慘案。」

馬冬東和華港秀一聽，即刻目瞪口呆，說不出話來，合成一聲驚叫：

「啊？!」

華港傑接上去說：

「爺爺，你說的是 1918 年 2 月 26 日那一場跑馬地馬場大火災嗎？」

華爺爺説：

「是的。」

馬冬東急忙問：

「乜、乜東東馬場大火？那、那是怎麼發生的？」

華爺爺望着車窗外的跑馬場，説：

「那一天是馬會舉行週年大賽的日子，農曆戊午馬年的正月十六日，一年一度週年大賽進行的第二天，當時的看台，都是用葵棚搭建。就在跑第五場的時候，在中央的看台突然倒塌，觀眾一個個直接跌落棚底。接着，其他的葵棚一個接一個像骨牌一樣倒塌。」

馬冬東問：

「跌落去的人，頂多不是只會跌傷嗎？

怎麼會引起火災的呢？」

華爺爺説：

「原因是那時候的葵棚底層，都擺滿了用明火煮食的熟食檔，所以葵棚架一倒塌，大部分人就跌落火爐。還有不少人被葵棚架壓住，引火上身。加上大風吹起助燃，馬迷慌忙逃生，有的被燒成火人一樣。」

「啊呀！真恐怖！」

華港秀驚嚇，用雙手掩臉。

「那消防隊呢？為甚麼不快些趕去救火？」

馬冬東着急地問。

華爺爺搖頭説：

「馬場大火燒得極快，20 分鐘內已經將

所有馬棚燒毀，走不出去的人燒成火炭，等消防員到達已經太遲了。確實的死亡人數，也難以考查。以當年報失的人數計算，死者大約有 600 多人，其中大部分是華人。」

華港秀皺眉搖頭說：

「真慘！」

華爺爺說：

「在馬場慘劇發生四年以後，罹難者被安葬在銅鑼灣掃桿埔的**咖啡園墳場**，建立一個『馬場先難友紀念碑』，記載了香港賽馬史上這一場永不磨滅的慘劇。」

電車逐漸駛出跑馬場附近，華港傑問：

「爺爺，在香港歷史上唯一一個曾經被刺殺的港督，據說和賽馬、跑馬場也有過很大的關係，是嗎？」

華爺爺說：

「傑仔，你也關注到這些歷史往事，不錯呀！」

馬冬東趕快追問：

「第一個被刺殺的港督？那是誰？為甚麼？」

華爺爺說：

「有關問題，不如就由傑仔來解答吧。」

華港傑說：

「爺爺，我知道你也想考考我的呢。我看過有關的資料，他是英國人，名叫梅含理 (Francis May)。1912 年的一個下午，他在香港卜公碼頭登岸，坐上一頂轎子。只要他坐的轎子到達附近的大會堂，他進入以後，就會成為香港第 15 位港督。」

馬冬東說：

「那距離不是很近嗎？差不多幾步路就走到了，沒有甚麼問題吧。」

華港傑說：

「問題偏偏就是在這裏。梅含理當初也是想都未想過，迎接他的不是就職的鮮花，而是奪命的子彈。」

「為甚麼？」

華港秀按住砰砰砰地亂跳的心口問。

「因為有幾個槍手埋伏在這段路旁，只要梅含理一進入射程，就會一命嗚呼。正當轎子愈來愈接近大會堂，槍手突然躍起，衝過警方的警戒線，向着梅含理乘坐的轎子開槍——嘭！」

馬冬東下意識地彈跳起來問：

「怎麼樣？打中了嗎？」

華港傑說：

「子彈在梅含理身旁飛過，打中了他夫人坐的那頂轎的木柱，他撿回了性命，也當上了香港港督。」

華港秀問：

「爺爺，這個梅含理究竟做了甚麼，令人恨得要刺殺他呢？」

華爺爺說：

「很有可能是 1898 年中英簽訂《展拓香港界址專條》後，當時任職警隊的梅含理負責接管新界，他廣設警署，鎮壓反英華人，激起民憤，不少人對他非常憎恨。」

明教授說：

「雖然如此，可梅含理執行任務時身先士卒，積極投入抗鼠疫的工作，親身監督埋葬屍體、疏散羣眾和拆卸受影響建築物等等厭惡的工作。」

華港秀問：

「哥哥剛才是説他和賽馬會跑馬場有甚麼關係的嗎？那又是怎麼一回事呢？」

華港傑説：

「這些事情，爺爺會知道得清楚一些吧？」

華爺爺説：

「梅含理原來是香港早期的馬會會員，也是一個騎師，還曾經在賽馬中受傷骨折。他經常到快活谷看賽馬，後來成為五匹馬的馬主，但成績並不突出。」

跑馬地馬場
大火災

香港古今奇案問答信箱

香港何時開始有颱風信號？

1884 年開始，香港便使用圓柱形、球形和圓錐形為信號，向船隻發佈熱帶氣旋的消息。當熱帶氣旋吹襲，便會鳴砲警告。到了 1907 年，改用燃放炸藥的巨響來示警。1937 年最後一次使用這方法。

1917 年使用 1 至 7 號信號代表風暴情況。1931 年更改為 1 至 10 號，但是 2、3、4 號信號，後來被取消了。1956 年在 1 號及 5 號之間加上 3 號強風信號。

為免混淆，1973 年開始，5 號至 8 號風球分別由 8 號西北、8 號西南、8 號東北及 8 號東南四個信號代替。這信號系統一直沿用至現在。

香港人何時開始聽收音機的？

在香港，最初開始聽收音機的很可能是外國人，因為香港第一個電台 G.O.W(香港電台前身)於 1928 年啟播時只有英文節目，播送音樂、天氣以及颱風消息等。

1934 年 Z.E.K 中文台開台後，收音機的聽眾開始增多。當時市民收聽電台節目需要領有收音機牌照，到了 1938 年，已發出的收音機牌照已達 8000 多個了。

在最初期，火車是使用蒸汽推動的，你能畫出舊時蒸汽火車的樣子嗎？

冷血槍匪與大頭綠衣

這一天傍晚，華港傑和華港秀陪着爺爺，正在屋苑附近的公園散步，忽然從路旁的樹叢竄出一個人影——

「站住！不准動！」

華港秀即刻跳躍到華爺爺面前擋着，不讓來人碰撞到爺爺。

「哎呀，秀秀，你做乜東東？學女警察演練功夫嗎？」

來人大叫起來。

大家都看清楚了，原來是馬冬東。

華港秀兩手叉腰，理直氣壯地反問：

「乜東東，我要問你想做乜東東才是呢！怎麼失驚無神地走出來，萬一不小心把爺爺撞倒了怎麼辦？」

馬冬東伸了伸舌頭，說：

「對不起，我是太着急了，因為看到香港古今奇案信箱有新的信件，有同學急於知道曾經被刺殺的港督梅含理上任之後，香港發生過甚麼重大的事情？」

華港傑説：

「我們上次談過的快活谷馬場大火災，就是在他任內發生的慘劇。」

華爺爺説：

「講到梅含理做港督時期令他最頭痛的大事件嘛，其實還有另一宗，也是轟動全香港的。」

華港秀一聽，也急起來了，問：

「轟動全香港的大事件？爺爺，那是甚麼呢？」

華爺爺説：

「就是發生在灣仔機利臣街的警匪槍戰。」

馬冬東一拍大腿，說：

「嘩嗨！警匪槍戰，聽起來很刺激呢，究竟是怎麼一回事？」

華爺爺說：

「那是在 1918 年 1 月 22 日，香港警方正在追緝一批偷槍械的匪徒。當警官和警員走到機利臣街 4 號及 6 號調查的時候，發現房屋前面是店鋪門面，後面是居室。裏面住了好幾伙人，而偷槍案的罪犯，正是其中的一伙，他們竟然即時開槍拒捕！」

華港秀忍不住叫道：

「好大的賊膽！竟敢開槍射殺警察。」

華爺爺說：

「是啊！那真是賊膽包天，持槍殺警。消息一傳出，附近的居民都來看熱鬧，許多政府高級官員也趕到現場。警司出身的港督梅含理與駐港英軍少校羅拔遜都趕到現場視察指揮。警匪雙方持續交戰 18 個小時，匪徒 3 人死亡，警方 4 死 5 傷。」

華港傑說：

「這是香港警察在歷史上最激烈的一次剿匪戰吧？」

華爺爺點頭同意：

「你說的不錯。」

這時候，明啟思教授走過來，說：

「嗬，你們這麼多人都在這裏，談些甚麼話題呢？」

馬冬東說：

「公公，我們剛剛在聽華爺爺說香港歷史上最激烈的警匪大戰。」

明教授說：

「噢，那就是有名的機利臣街圍捕事件吧，在香港警察的歷史上，可以說是空前絕後的。」

華港傑說：

「明教授，香港是甚麼時候開始有警察的？」

明教授說：

「1841 年，以英國公使身份接管香港島的義律 (Charles Elliot)，委任第二十六步兵團的威廉・堅偉上尉 (Captain William Caine) 為首席裁判司，負責管理警察、法院及監獄的任務。經過 3 年多的籌備，於1844 年 5 月 1 日，第一條警察條例立法生效，政府宣布正式成立警察隊。」

馬冬東說：

「算起來，到現在已經有 170 多年歷史了。當初的香港警察，是不是很厲害的呢？」

華爺爺說：

「怎麼樣才算得上是厲害的呢？這樣的標準很難說。最初的香港警察，要負責的事務也很繁雜，除了公共安全之外，還要做人口登記、出入境事務、海關消防、出生證明、簽發牌照、郵政、小販、轎子、人力車、妓女、鴉片甚至狗隻等等的管理工作。」

華港傑説：

「要負責做這麼多的事務和工作，當年做警察的，都是些甚麼人呢？」

明教授説：

「初期的香港警隊人員**良莠不齊**，其中有歐洲籍或印度籍的人士，有的是品行不端而被解雇的士兵和水手，有的甚至是到處遊蕩的無業遊民。後來大批地招募從印度孟買兵團退役的軍人。」

華爺爺説：

「香港人習慣把這種警員叫做**摩囉差**，因為古時候印度人自稱**婆羅多**，粵語譯音為**摩羅**，所以香港人普遍將當差的印度警員叫做摩囉差。而他們的習俗是要包頭，下身再穿綠色的警員服。所以當時有流行的童謠唱：ABCD，大頭綠衣，追唔到賊，吹BB。」

華港秀大笑拍手説：

「哈哈，真順口，又好聽！」

明教授説：

「這首童謠很有意思，ABCD，A是指歐洲來的警察，主要是英國人；B代表印度人；C代表香港華人；D代表山東來的人。後來又加上E，代表白俄羅斯人。實際上除了上述各種族人士加入警察隊伍之外，還有來自澳門、葡萄牙、南非、澳洲、新西蘭和加拿大的不同國籍人等。」

馬冬東説：

「這可是非常國際化啊！」

圖說香港大事——1921 年至 1930 年

1921 年，九龍汽車有限公司成立，開辦了兩條巴士路線。1933 年與其他巴士公司合併，成立九龍巴士(1933)有限公司。

1929 年香港發生嚴重旱災，實施七級制水。

1922 年 11 月，物理學家愛因斯坦抵達香港，遊覽了山頂及淺水灣等地，離港赴日途中得知榮獲諾貝爾物理學獎。

1922 年，17 歲的李惠堂加入南華足球會，鋒芒畢露，縱橫球壇多年，公認為亞洲球王。

1925年6月，香港和廣州爆發大罷工，省港大罷工歷時逾年，於1926年10月結束。

早於1914年，何啟與區德成立公司發展九龍灣，1927年公司倒閉後，政府把空地用作機場用途，其後發展為啟德機場。

偵探
案件8

辛亥革命與香港

這個星期六，華偉忠爺爺和明啟思教授兩家人相約在酒樓飲早茶。

所有人圍坐在一張大圓桌旁邊，唯獨不見馬冬東的蹤影。

華港秀向四處張望着問：

「咦，乜東東呢？怎麼還不見人？」

話音剛落地，馬冬東就氣喘吁吁地跑過來了，激動地說：

「很偉大！很感動呀！」

華港傑說：

「乜東東，你講乜東東啊，這樣說誰也聽不明白。不如坐下來，慢慢地說清楚吧。」

馬冬東應聲坐了下來，放鬆呼吸，再開口道：

「是這樣的，表哥打電話來告訴我，過一天就是孫中山先生領導**辛亥革命**的周年紀念日，他和學校的同學專程到南京去拜訪中山陵，重溫辛亥革命的偉大史跡，十分感動，我聽他說了，一時之間，心情也激動的平靜不下來！」

華港秀笑着問：

「喲，原來乜東東也有革命情懷的呢。」

華港傑接着問：

「明教授，孫中山先生在香港接受教育，辛亥革命也和香港有很大關係的吧？」

明教授說：

「是啊。他曾經親自回到母校，就是我們之前提到過的**香港西醫書院**發表革命的演說，又先後在香港建立興中會和同盟會分支機構，作為革命運動的指揮和活動中心。所以說，香港是辛亥革命重要策源地之一。」

華港秀問：

「孫中山先生為甚麼要搞辛亥革命呢？」

華爺爺說：

「因為那時候孫中山先生看到了清朝政府腐敗無能，民不聊生，喪權辱國，和一些知識分子都感到痛心疾首，於是組織社團，批評當局，並且發起革命運動，舉行武裝起義，推翻腐朽的清廷統治。」

馬冬東又問：

「香港在那時候，對孫中山先生領導的革命，提供了甚麼比其他地方優勝的條件呢？」

明教授說：

「由於香港地處中國邊緣，是中外航運的要道，海陸交通四通八達，也是海外華僑進出中國的重要途徑。而且是在英國殖民管治之下，不受清朝政府管轄，地位特殊，有利於地下黨開展革命工作。」

華港傑說：

「我看過有關的資料，孫中山先生在香港讀書的時期，就首先播下革命種子的了。1895 年初，他又在香港組成**興中會**總會，設立了革命大本營。」

華爺爺說：

「是的。那時興中會由**楊衢雲**出任總會會長，孫中山任秘書的。」

馬冬東眼睛一亮，說：

「楊衢雲？就是電影《十月圍城》中那個被暗殺的革命烈士？」

明教授說：

「正是他。興中會成立以後，機關組織就設在香港中環史丹頓街 13 號，對外掛的就是做貿易的『乾亨行』招牌。其實孫中山先生在裏面策劃了廣州起義的計劃。從組織、宣傳、招募義士、籌集經費，到購買軍械等等，都是在香港進行的。」

華港秀說：

「啊！原來香港在孫中山先生領導的革命中，是這麼重要的。」

華爺爺說：

「事實上，從 1895 年至 1911 年，以

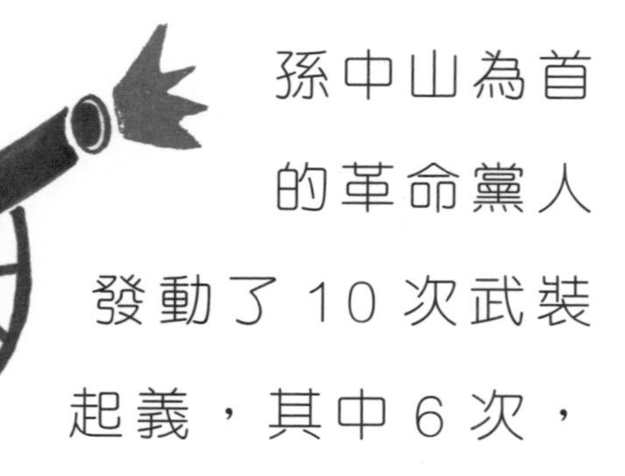

孫中山為首的革命黨人發動了 10 次武裝起義，其中 6 次，包括廣州起義、惠州起義、潮州黃岡起義、惠州七女湖起義、廣州新軍起義，以及黃花崗起義，都是以香港為主要的策劃基地。」

馬冬東說：

「嘩！好厲害！真了不起！」

明教授說：

「革命本身就是一件極不簡單的事情，革命者不畏強權，更不惜流血犧牲。孫中山先生領導的辛亥革命能夠成功，實在也是獲得香港商人、報人、海員等大眾支

持。其中有的人，像楊衢雲那樣，獻出自己寶貴的生命。」

馬冬東說：

「我真是愈聽愈感動了。公公，華爺爺，我聽表哥說，香港的**孫中山紀念館**也有許多辛亥革命的文物和史跡展覽，我們飲完茶之後，可以去參觀嗎？」

「當然可以！」

明啟思教授和華偉忠爺爺，幾乎異口同聲地說。

圖說香港大事——辛亥革命的香港事跡

孫中山、楊鶴齡、陳少白、尤列，四人被稱為「四大寇」，經常於楊耀記（位於歌賦街）議論政事。

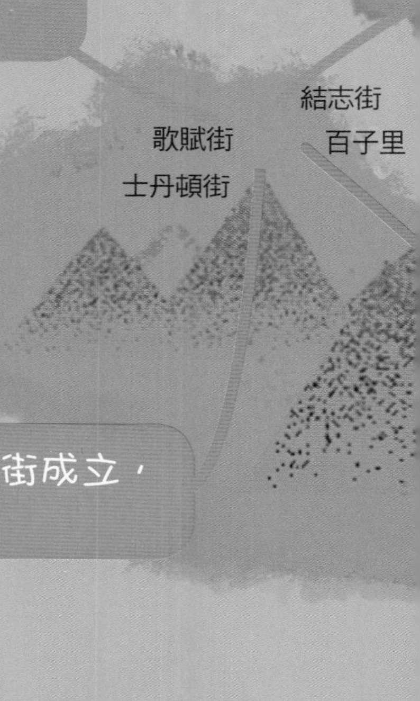

結志街
歌賦街
百子里
士丹頓街

1895 年香港興中會總會在士丹頓街成立，對外以「乾亨行」商號作掩飾。

1901 年 1 月 10 日，楊衢雲在結志街被清廷刺客暗殺。

死於暗殺的楊衢雲下葬於跑馬地墳場。

跑馬地墳場

輔仁文社（位於百子里）由楊衢雲等創立，1895 年併入興中會。

偵探案件9

危機四伏的啟德機場

　　這一天的天氣很好，藍藍的天空上沒有一絲雲彩。

　　華港傑、華港秀跟着爺爺和爸爸媽媽，高高興興地來到香港國際機場，為返回美國的姨媽一家送行。

　　這裏並非是他們經常來的地方，但是每次前來，都有一種愉快的感覺。

　　放眼望去，只見有許許多多不同膚色、不同身份的人在這裏出出入入，迎來送往，一派繁忙熱鬧又生氣勃勃的景象。

　　「呵呵，香港的國際機場真寬闊，一點兒也不遜於我們洛杉磯那邊的機場呢。」

　　表姐有感而發，笑着對大家說。

　　姨媽說：

　　「哎呀，那個啟德老機場呢？我都差不

多完全忘記了它的那一個老樣子了。」

婕丈搖頭説：

「你就是一向的貪新忘舊，幸好我不像你！那個**啟德機場**雖然又小又舊，但我以往不知出入過多少次，永遠也忘不了。」

「啟德機場？是在哪裏的？怎麼我沒有去過的呢？」

華港秀馬上追問。

「那是香港 1998 年以前使用的國際機場，你還沒有出世呢，怎麼可能會去呀？」

媽媽説。

「爺爺，啟德國際機場是哪一年建起來的？」

華港傑問。

「1924 年開始興建，1925 年 1 月 24

日啟用，位於九龍城區。原本是民用機場，經過多個階段的發展，1962 年正式命名為**香港啟德國際機場**。」

華爺爺說。

「為甚麼要用啟德這兩個字為名呢？」

華港秀好奇地問。

「這和香港早期發展的歷史有關。早在 20 世紀初，何啟爵士、區德先生合資經營一間公司，計劃填海建樓房，填海地域稱為『啟德濱』。但後來公司倒閉，政府就將那片土地用來改建飛機場。」

華爺爺說。

「可是，把飛機場建築在市區內，不是很危險的嗎？」

華港傑不由得擔心地問。

「是啊。啟德機場只有一條跑道，四周圍都是密集的樓房，令人覺得又窄又小。我還記得坐在飛機上，尤其是在機艙右邊靠窗的時候向外看，會感到好像飛機飛錯了航道，貼近房子和人羣，兩旁的建築物就像快要撞到機翼上去了！」

華港傑的爸爸在一旁說。

「啊呀，那不是嚇死人嗎？」

表姐驚訝地說。

「那時啟德機場的確有過全球十大危險機場的壞名聲。連日本人也把它地理環境設計為航空管制遊戲的招牌，稱為傳說中的機場，特別關注飛機如何在機場中急迴旋降落的狀況。」

姨丈說。

「不過這既是壞事，卻也可以轉化為好事。啟德機場只有一條伸入維多利亞港內的跑道，飛機升降方向分別為 136 度及 316 度，所以又叫做 **13 跑道**和 **31 跑道**。由於地理環境的局限，令飛機升降時很有挑戰性，也因此航空公司通常都會派出特別有經驗的機師駕駛到香港的航班，向來甚少發生大型空難事故。」

爸爸說。

「但機場建在市區內，除了升降危險之外，還要限制樓房的高度。有的住在九龍城的家庭主婦甚至覺得，在天台舉起晾衣服的竹竿，也差不

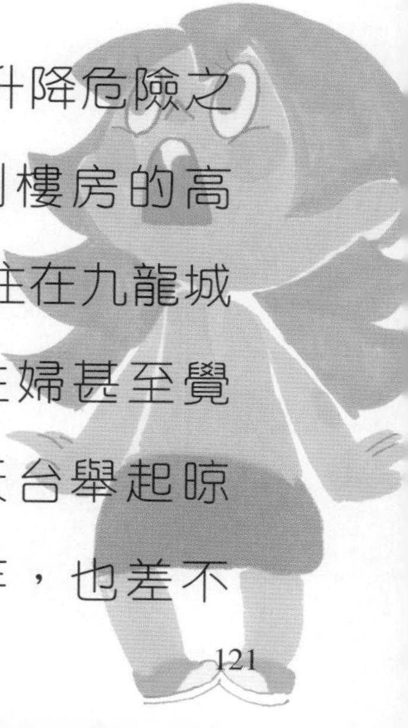

多要撐到天上飛過飛機的機翼了。在當時來看，這種説法並不是太誇張的。還有，就是飛機的噪音問題，對居民造成很大的滋擾。」

媽媽説。

「即使是這樣，隨着香港的經濟起飛和發展，機場空運和客運增長愈來愈快，啟德國際機場迅速成為全球最繁忙的國際機場之一，客運量達到全世界第三，貨運量就全世界排名第一。」

爺爺説。

「真不簡單啊！」

表哥不禁感嘆道。

「啟德機場已經明顯地不能滿足更多的客貨運需求了。香港政府終於在 1989 年選址大嶼山西北面的赤鱲角興建新機場。至1998年7月，正式關閉啟德舊機場，同時啟用在大嶼山的香港國際新機場。」

爸爸說。

「原來是這樣的。那啟德機場關閉後，用來做甚麼呢？」

表姐問。

「這個我知道，已經改建為啟德郵輪碼頭和社區設施了。」

華港傑說。

「很好嘛，再看看現在香港的飛機場又大又漂亮，修正了舊機場的缺陷，我們都可以安心舒適地飛來飛去了。」

姨丈說。

「好啦，好啦，時間差不多了，我們要

入閘待查證件，真的準備好起飛了！」

姨媽看了看手錶說。

於是，華港傑、華港秀和爺爺、爸爸、媽媽，向姨媽一家人依依告別。

在回家的路上，華港傑對華爺爺說：

「在了解過香港最早期興建的飛機場之後，我還想知道，香港第一個飛上天的人是誰？那到底又是一個甚麼樣的人呢？爺爺，你能給我們講一下嗎？」

華爺爺朗聲笑道：

「呵呵，傑仔的求知慾還是很強的呢。好吧，我可以告訴你，香港第一個飛上天的人，乘坐的並不是飛機。」

華港秀聽到了，大感興趣，問：

「不乘坐飛機怎麼上天？」

華港傑說：

「莫不是坐**熱氣球**升空嗎？」

華爺爺說：

「算你的腦筋轉得快，猜對了。那是在 1891 年的時候，駕駛熱氣球升空屬於相當高危的表演，所以很多駕駛熱氣球的高手，都紛紛遠赴不同的國家，用這一種高難度的表演，來賺取名聲和金錢。」

華港秀說：

「哈，那不是像雜技團馬戲表演一樣嗎？」

華港傑說：

「或許有一點和馬戲團表演相似，但當時的熱氣球表演，對觀眾的刺激程度會更高吧？」

爺爺點頭說：

「就是這樣，1891 年 1 月 3 日，美國人寶雲 (Thomas Baldwin) 來到香港的快活谷馬場，許多人都慕名而來。他們從來也沒有想過，人類可以升上天空飛翔。」

華港秀說：

「哇哈！寶雲不是令大家大開眼界了嗎？」

華爺爺說：

「是啊，當他們看到寶雲用來升空的工具，只是一個大的熱氣球，下面沒有吊任何物件，而是寶雲直接用繩索吊起自己！只聽一聲令下，熱氣球徐徐上升，在場的觀眾爆發出熱烈的歡呼聲！」

華港傑說：

「那場面一定很震撼，那一次寶雲的表演成功了，是嗎？」

華爺爺說：

「這還不是高潮，當熱氣球升到1000呎左右的時候，繩索突然斷了，寶雲從半空中直插向地面——」

華港秀驚叫：

「嚇？他完了？快救命吧！」

華爺爺說：

「秀秀，你的反應就和當時的觀眾一樣，以為寶雲就此失敗，跌下來連命都沒有了。但是，眼前有神奇的事情即刻發生！在寶雲的頭頂上突然出現了一把大傘，令他的跌勢馬上減慢下來。」

華港傑說：

「他及時打開了**降落傘**自救，對嗎？」

華爺爺說：

「對了，原來寶雲表演的是熱氣球升空，加上跳降落傘的。但那時候的香港人，從來也未看過降落傘，只見寶雲張開降落傘，像小鳥般輕盈地降落地面，全場發出震耳欲聾的鼓掌聲！」

華港秀笑着說：

「他成功了，在場的香港人一定會看得很開心！」

華爺爺說：

「這是理所當然的，不但是在場的觀眾熱烈地祝賀他，一時之間，他成了香港人眼中的英雄，直至80

年代，香港郵政署也專門出了他的紀念郵票。」

華港秀拍手說：

「好啊，真威風！」

華爺爺說：

「不過，香港人對熱氣球表演的興趣，很快就過去了。因為 1903 年美國萊特兄弟 (Wright Brothers) 成功操控**動力飛機**飛行，全球掀起了飛行熱，香港也不例外。比利時飛行家温德邦 (Charles Van den Born)1911 年 3 月，首次在沙田公開進行飛天表演，寫下了香港航空史的新一頁。」

「赤鱲角機場一號客運大樓的天幕，掛着一架復古雙翼飛機，你們有沒有留意到呢？」

明教授問。

華港傑他們互相對望了一眼，搖着頭表示沒有看見。

明教授説：

「那就是首架在香港空中飛行的飛機『沙田精神號（Spirt of Sha Tian）』的仿製品，而飛機上的機師就是溫德邦。」

華港秀興奮地説：

「下次再到機場，一定要抬頭望清楚！」

香港古今奇案問答信箱

香港哪一支球隊歷史最悠久？

香港足球會是香港歷史最悠久的足球會，成立於 1886 年，由駱克 (James Lockhart) 及英國商人創辦。位於跑馬地的香港足球會球場，亦於 1886 年啟用。

在早期，足球運動是外國人的專利，直至 1908 年華人足球會（南華足球會前身）成立，才開始出現華人。

1914 年香港腳球總會（香港足球總會前身）成立後，出現不少華人球會及優秀的華人球員。上世紀 60 至 70 年代香港足球聯賽競爭激烈，球迷湧現，可説是香港足球的黃金時代。

在張保仔之後，香港還有海盜嗎？

雖然張保仔接受了清廷招安，但是香港的海盜依然猖獗。1912 年，長洲警署被海盜突襲，3 名印度警員遭殺害。

1914 年發生的「泰安輪劫案」更令人髮指，超過 200 人死於槍擊、火災或遇溺。警隊於是組成了一支由不同國籍人員組成的特別隊伍，負責對付海盜及保護船隻。

1906 年的香港警隊，包括了印度籍及華籍警員。

你能畫出舊時警察制服的特色嗎？

偵探案件10

香港足球王

「加油！加油！」

「看球！看球！」

華港秀從觀眾席站起來，高聲地呼叫！

馬冬東和華港傑，身穿學校足球隊的球衣，和一大班足球健兒在草綠色的球場上跑着、踢着。他們都是學校足球隊的隊員，每個星期天和鄰校的友隊進行一場友誼比賽，他們邀請華偉忠爺爺、明啟思教授和華港秀前來觀看。

看得最投入，叫得最大聲的，就是華港秀了。

「射球啦！」

「啊！好球！好！」

華港秀看着華港傑的一個漂亮射球，

即刻跳起來歡呼。

華爺爺、明教授也和觀眾一起鼓起掌來。

這一場球賽，最後雖然打成平手，分不出勝負，但可以看出，雙方的球員都盡了努力，顯示了各自的水準，不分上下。

等到結束之後，馬冬東和華港傑走過來，華爺爺、明教授、華港秀都表揚和稱讚了他們，然後一起到明教授的木球會員俱樂部裏去吃飯。

大家舒舒服服地坐下來，一邊吃着美味的食物，一邊聊起來。

明教授高興地説：

「東東、傑仔，你們小小年紀，就參加了學校足球隊，真是不錯！在讀書學習之餘，也能好好鍛煉身體，達到身心健康，比我的童年時代強得多了。」

華爺爺說：

「就是呀，看見他們這樣子，令我想起了球王李惠堂。他就是從小讀書好，球也踢得很好的。」

馬冬東說：

「球王李惠堂？能稱得上球王的，一定很厲害，他是一個怎麼樣的人呢？」

華爺爺說：

「他是 1905 年在香港大坑出生的香港本土人。他 7 歲的時候，父親讓他回到祖家廣東五華縣讀**私塾**。」

華港秀問：

「甚麼是私塾呢？」

明教授說：

「就是以前鄉村裏民辦的私人學堂。據說李惠堂的父親對兒子十分疼愛，但管教也很嚴格。」

華港傑說：

「噢，這對未來球王的成長很有益處吧？」

華爺爺說：

「這是完全可以想象得到的。不過，李惠堂從小就喜歡踢足球，那時候在鄉下，足球並不是很容易找得到的，他和同學、小朋友們，常常把沙田柚當作足球，曬場作為球場，擺放磚石做龍門，抽空練習踢球。但他的父親卻堅決反對，一定要李惠堂讀好書，將來繼承自己的事業。」

馬冬東擔心地說：

「唉呀，這可不好辦，李惠堂怎麼選擇呢？」

明教授說：

「李惠堂長到 12 歲的時候，回來香港，住在大坑道，接受家庭教師的教育，還是喜歡不時地和街坊小朋友踢足球，直至他 14 歲入讀皇仁書院，身體已經變得很健碩，讀書成績很好，課餘再勤練踢球技術，他的父親也不再反對了。」

華港秀長長地舒了一口氣說：

「這就好了，他可以大踢特踢自己熱愛

的足球啦！」

華爺爺說：

「是啊。到他滿 17 歲的時候，就成為南華會的隊員。」

明教授說：

「哈哈！我是南華足球隊的忠實擁躉啊！」

華爺爺笑着說：

「一說到南華，明教授便會說得停不下來。」

明教授興緻勃勃地說：

「你們知道南華足球隊成立的目的嗎？」華港傑還來不及反應，明教授便自顧自地說下去：「1841 年，英國佔領了香港，也帶來了足球。最初的時候，洋人獨佔這

項運動，直至 1908 年，香港的華人學生組成了第一支華人球會『華人足球會』，就是要在足球場上為華人爭光。」

華爺爺說：

「到了 1910 年，便改名為南華足球會。南華會四出發掘有潛質的年青華人球員，就在一次足球夏令營，南華會看到李惠堂出色的表現而招攬他加入。」

明教授說：

「李惠堂從此在香港甚至國際的足球壇上大展身手。1928 年他已經得到亞洲球王的名銜，1936 年到柏林首次參加奧林匹克足球賽。」

馬冬東一拍桌子說：

「嘩！好一個衝出香港的球王！」

華爺爺說：

「他可是名副其實的最有實力的球王。他射球的勁度非比尋常，尤其是他的絕招倒臥射球，更是無人能及！在 25 年的足球生涯中，李惠堂射入接近 2000 球！」

華港傑讚嘆：

「2000 球！真了不起！」

明教授說：

「據說，曾經有一次在印尼雅加達出賽，他全力射門時，一個球員用頭去擋，當場暈倒，要過了 26 小時後才甦醒過來。」

華港傑豎起大拇指。

「嘩！很強勁的腳力啊！」

華爺爺說：

「以前的球迷曾經流行過一句說話：『看

戲要看梅蘭芳，看球要看李惠堂』。」

華港傑問：

「梅蘭芳就是那個舉世知名的中國戲曲藝術大師嗎？」

明教授説：

「沒錯，梅蘭芳和李惠堂在當時都是家傳户曉的人物。另外還有一樣不可不知，就是李惠堂的中、英文都很好，能文能武，能填詞作詩，還寫過幾本書呢。」

圖說香港大事——1931年至1940年

1937年中國抗日戰爭爆發之後，大量難民從中國湧入香港。

香港大學

匯豐銀行總行

1939年作家張愛玲入讀香港大學，直至日軍佔領香港後返回上海。

1935 年位於中環的香港匯豐總行大廈正式啟用，1981 年開始重建，1986 年開始啟用至今。

1938 年，英格蘭業餘勁旅哥靈登足球隊訪港，引起哄動。

1937 年 9 月 2 日，一個強烈颱風正面吹襲香港，估計造成 11000 人喪生，史稱「丁丑風災」。

偵探案件11

何東花園之謎

這個星期六下午，明啟思教授和華偉忠爺爺，帶着馬冬東、華港傑、華港秀去大會堂參加完一個嘉年華活動之後，信步走到了附近的國際金融中心，登上平台花園。

這是環境優美的休閒地方，設有典雅舒適的咖啡座和餐廳，還有一些供遊客閒坐的椅子，綠蔭掩映，花圃繽紛，從這裏向遠處眺望，還可以見到中環、尖沙咀兩岸商業中心的繁華景色。

「真好看！我喜愛我們的美麗香港！」

華港秀像鳥兒般跳躍着讚美。

「我來了也，東方之珠，我要擁抱你……」

馬冬東張臂開口，自編自唱了起來。

「呀，乜東東，你在唱乜東東？怪聲怪氣的？」

華港秀捅了捅他說。

馬冬東扮了個怪臉，說：

「不好意思，這是我自己獨有的一首歌。」

華港秀也扮了個怪臉，毫不客氣地回敬：

「難怪這麼難聽了，你還真不害臊，哈哈哈！」

二人笑成一團。

華港傑陪華爺爺和明教授坐下來，說：

「我的信箱最近收到了來信，是問何東花園的主人何東，在香港的歷史上做過甚麼重大的事情，有些甚麼影響？」

馬冬東和華港秀一聽，也跑過來，幾乎同時說：

「我也很想知道呀！」

明教授說：

「香港開埠以來，出現不少夾在中英政府之間的華人富商，影響着香港的發展，何東就是其中之一。阿傑，你已找過一些關於何東的資料吧？不如你先說來聽聽。」

華港傑充滿自信地說：

「哈！又來考我嗎？何東生父為荷蘭人何仕文 (Charles Henry Maurice Bosman)，1859 年抵達香港，1873 年離開香港，到英國倫敦發展。而何東的親生母親是華人，名叫施娣，何東由母親獨力撫養。」

馬冬東說：

「何東是一個混血兒，他是不是自小就對中國和中國文化有認識的呢？」

華爺爺說：

「嗯，是的。何東從小受中國文化薰陶，常以中國人自居。他曾經學習四書、三史、八股文，稍大以後接受西方教育，入讀中央書院，即是今天的皇仁書院，畢業後加入過廣東海關，以及香港怡和洋行工作，後來又任總買辦，並且自資成立『何東公司』，除了一般貿易外，還進軍航運及地產買賣。」

馬冬東說：

「他除了做生意成功，還有甚麼特別過人之處呢？」

明教授說：

「值得一提的是，政府破例批准他在中環半山建花園，那就是何東花園。而何東也成為自香港成為英國殖民地後，首位在太平山山頂居住的華人。」

華港傑說：

「可惜這座別具歷史意義的何東花園，始終逃不過被拆毀的命運。」

華爺爺說：

「不可不知，何東家族是香港的一個大家族，與香港歷史很有關係，例如 1959 年啟播的香港商業電台，創辦人便是何東的兒子何佐芝。」

明教授說：

「還有上次說過的孫中山紀念館，前身便是何東胞弟何甘棠的住宅**甘棠地**。而何甘棠的外孫，就是秀秀的超級偶像李小龍啊。」

華港秀聽見自己偶像的名字眼前一亮，忍不住大叫道：

「真的嗎？真的嗎？再多說一些關於李小龍的故事吧！」

華港傑馬上制止說：

「關於李小龍，以後再說吧！還是先說以前的華商，好嗎？」

華港秀心不甘情不願地住了口。

馬冬東說：

「我想起了另一位香港人——何啟，之

前已經很多次提起過他的名字了。好像啟德機場的名字，就和何啟先生有關！」

華爺爺説：

「是的。何啟是香港第一位獲封為爵士的華人，同時是著名醫生、大律師、商人暨政治家，父親是何福堂牧師，姐夫是首名華人立法局非官守議員伍廷芳。何啟 1887 年與白文信 (Patrick Manson) 共同創辦香港雅麗氏利濟醫院，附設一所香港華人西醫書院，也即是香港大學的前身。1890 年獲得委任，成為立法局的非官守議員。」

華港傑説：

「他對香港很有貢獻啊。」

華爺爺説：

「還有，何啟在 1895 年為孫中山發動廣州起義草擬英文版本的《對外宣言》，對革命也相當熱心！」

明教授說：

「講到對香港有貢獻的著名華人富商，周壽臣也是其中的表表者。他 1861 年在黃竹坑新圍出生，11 歲便接受西方教育。當時清朝開始了洋務運動，決定**派童赴美**，去吸收西洋知識。於是，清朝政府派人來港訪尋學童，周壽臣被選中了。」

華港傑說：

「那他是最早期的清朝海外小留學生了。」

華爺爺說：

「可惜當時清朝反對留學幼童信奉天

主教和剪辮子，周壽臣雖然已被哥倫比亞大學取錄，但也不得不放棄而回國。他先後做過海關、外交和招商局等工作，深得器重。辛亥革命爆發後，他同妻兒辭官返回香港，積極參與社會工作和推動中文教育，獲港督金文泰 (Cecil Clementi) 委任為香港歷史上第一名華人議政局議員，相當於今天的行政局議員。」

香港古今奇案問答信箱

奇案1 為甚麼香港早期不准華人居住山頂呢？

爆發鼠疫後，1904 年開始實施《山頂區居住條例》，規定太平山山頂區域只准非華人居住，獲港督批准的華人或傭人除外。這明顯歧視華人的條例，反映當時洋人不喜歡與華人比鄰而居，既害怕影響自己的身份地位，也害怕受到在華人社區爆發的鼠疫傳染。

直至 1946 年，《山頂區居住條例》才被廢除。

上世紀 30 年代的何東花園。何東是第一位獲准居住山頂的華人。

電影《十月圍城》裏哪些部分是真實歷史呢？

電影裏的情節純屬杜撰，不過或多或少也反映了當時的現實，例如當時不少香港富商支持革命活動。李煜堂 (1851-1936) 是其中的表表者，他承購《中國日報》以宣傳革命，並聯絡其他港商籌集軍餉，出錢出力，幾乎傾家盪產。

香港有甚麼地方紀念孫中山？

孫中山史蹟徑位於港島中西區，沿途經過十多個與孫中山歷史有關的地點。

另外，位於中環衛城道 7 號的孫中山紀念館，展出約 150 件藏品。

孫中山紀念館開放時間

星期一至三、五　　　　：上午 10 時至下午 6 時

星期六、日及公眾假期　：上午 10 時至晚上 7 時

聖誕前夕及農曆新年除夕：上午 10 時至下午 5 時

星期四（公眾假期、孫中山先生 11 月 12 日誕辰及 3 月 12 日忌辰除外）、農曆年初一及二休館

孫中山紀念館入口旁的孫中山銅像

奇趣香港史探案 3
戰前時期

編著　周蜜蜜
插畫　009
責任編輯　蔡志浩
裝幀設計　明　志　無　言
排版　盤琳琳
印務　劉漢舉

出版　中華書局（香港）有限公司
香港北角英皇道 499 號北角工業大廈 1 樓 B
電話：（852）2137 2338　傳真：（852）2713 8202
電子郵件：info@chunghwabook.com.hk
網址：www.chunghwabook.com.hk

發行　香港聯合書刊物流有限公司
新界大埔汀麗路 36 號中華商務印刷大廈 3 字樓
電話：（852）2150 2100　傳真：（852）2407 3062
電子郵件：info@suplogistics.com.hk

印刷　美雅印刷製本有限公司
香港觀塘榮業街 6 號海濱工業大廈 4 樓 A 室

版次　2016 年 11 月初版

規格　16 開（200mm x 152mm）

國際書號　978-988-8420-42-1